點心 · 雜貨 · 包裝DIY

一個人輕鬆完成的
33件禮物

Chocolate+Cookie ∘ Zakka ∘ Packing

送禮送到心坎裡！

每當身邊有朋友生日，或是一到情人節、七夕，你是否就開始頭痛這次到底該送些什麼禮物？是該送個實用的小禮物、還是動輒數千元以上的名牌禮，或是送些糖果點心？逛一圈各大百貨公司、精品店，櫥窗內琳瑯滿目的商品讓人目不暇給，除非你早就決定了該買什麼，否則還真不知該從何處下手。

購買市售的禮品是最方便不過的，不過，似乎就是缺了那麼點獨創性，你可曾想過自己親手做些巧克力、點心、實用的雜貨物品，像抱枕、手機套、相框等，再加上獨一無二的包裝送人，收禮的朋友一定更能感受到你的心意。

也許你自認是個手不巧，或是缺乏耐心的人，那本書中介紹的超簡單點心、巧克力、生活雜貨，以及零失敗包裝法，更是你輕而易舉就能學會的，這些自製小禮物多不需花費太多時間，還可控制預算，是你在厭倦了到百貨公司挑選禮物，或不知該送些什麼時的最佳選擇。

只要簡簡單單的幾樣材料就能讓人高興、創造歡樂，那這次送禮，你知道該怎麼做了吧！

Co 目錄 ntents

02 巧克力、餅乾DIY篇

03 禮物包裝DIY篇

Packing

Zakka

又到了送禮的季節，是該送個名牌禮，
還是到飾品店挑個小禮物呢？
買現成的當然方便，不過就是少了那麼點心意。
在一切都流行現成、速食的今天，
你是否覺得有點厭煩？
那不妨自己設計、完成一個最具個人風格特色，
而且實用的生活雜貨做為禮物，你覺得這很困難嗎？
你可以參考以下幾個例子試試看！

02

可愛雜貨 DIY篇

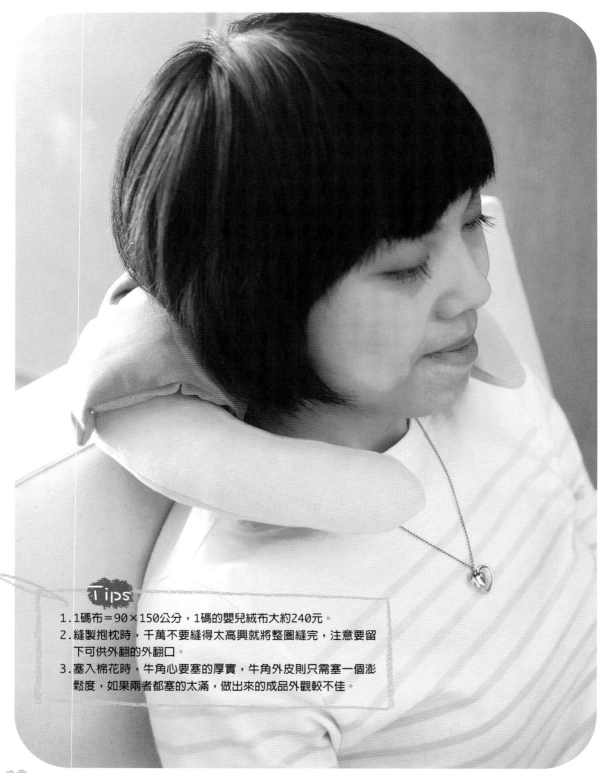

牛角抱枕

材料 白色縫線、針、剪刀、牛角心（乳黃色嬰兒絨布，30×50公分）、
牛角外皮（粉橘色嬰兒絨布80×50公分）、棉花適量、紙型（參照p.88）

做法

1 將布依紙型裁剪好（參照p.88）。

2 為免縫線時布會隨便移動，先將每兩片裁好的布，以正面布對正面布緊貼好，然後在布上往內1公分處，縫上較大間距的平針縫以固定布，完全縫好後再拆掉。

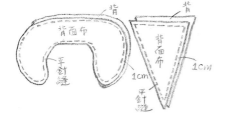

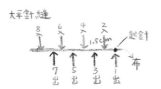

3 將牛角心絨布、牛角外皮絨布往內0.5公分處縫上一圈回針縫，記得都要留下約6公分的外翻口不要縫住。

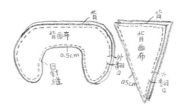
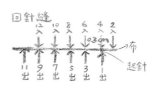

4 將縫好的牛角心、牛角外皮小心從外翻口的空隙中翻出，稍微整型。

5 將棉花塞入，牛角心要塞的厚實一些，牛角外皮只需塞一個澎鬆度即可。

6 以藏針縫將牛角心、牛角外皮的外翻口縫好。

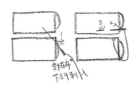
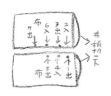

7 將三角形牛角外皮塞放在倒U字形牛角心裡，外皮底邊靠近自己，外皮尖端朝對面方向。

8 將三角形底邊往上包住牛角心，以藏針縫固定三角形底邊的三個點於牛角心上。

9 再將外皮尖端往回拉至到U字形牛角心的正中間點，一針往下穿刺牛角心縫好，使之固定即可。

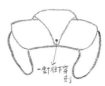

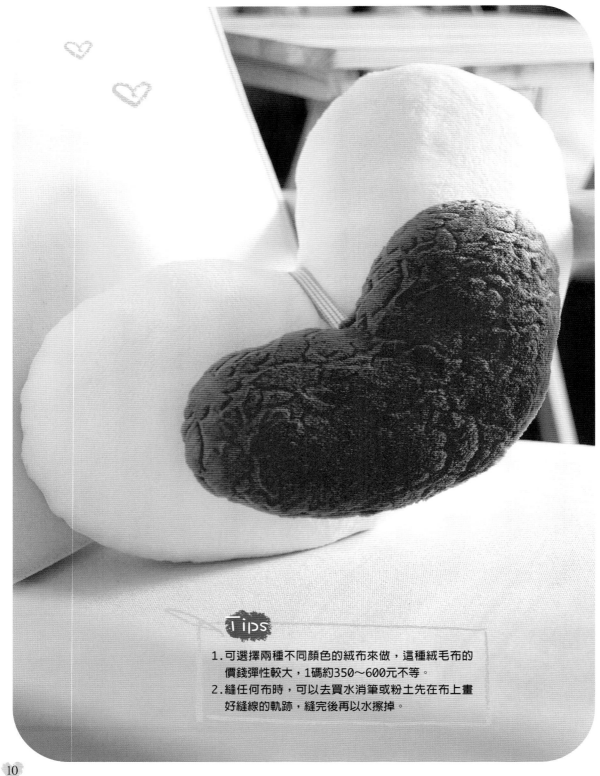

Tips

1. 可選擇兩種不同顏色的絨布來做，這種絨毛布的
   價錢彈性較大，1碼約350～600元不等。
2. 縫任何布時，可以去買水消筆或粉土先在布上畫
   好縫線的軌跡，縫完後再以水擦掉。

糖心抱枕

材料 白色縫線、針、剪刀、白色愛心絨布70×45公分、
粉紅色愛心絨布30×42公分、緞帶20公分、紙型（參照p.87）

做法

1 將布依紙型裁剪好（參照p.87）。

2 為免縫線時布會隨便移動，先將每兩片裁好的布，以正面布對正面布緊貼好，將緞帶的一端夾進愛心中間約1.5公分，然後在布上往內1公分處，縫上較大間距的平針縫以固定布，完全縫好後再拆掉。

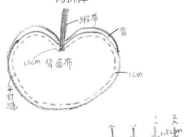

3 將白色愛心絨布往內0.5公分處縫上一圈回針縫，記得都要留下約6公分的外翻口不要縫住。

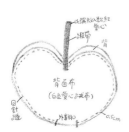

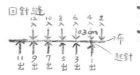

4 將縫好的白色愛心小心從外翻口的空隙中翻出，稍微整型。

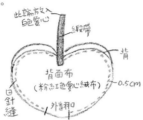

5 粉紅色愛心同白色愛心絨布的縫法，重複做法1.～做法3.的步驟。

6 將棉花分別塞入兩個愛心，以藏針縫將兩個愛心的外翻口縫好即可。

藏針縫

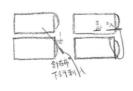

Tips

1. 可以購買市售的手套來做,比較簡單不費事!
2. 可將小鳥圖案改成自己喜歡的圖案,圖案用繡
   的會比較牢固,若嫌麻煩,也可以用貼的。

暖暖手套

材料 手套1雙、白色不織布10×10公分、藍色、咖啡色不織布各少許、裝飾球4個、黑珠2個、金珠2個、白色縫線、咖啡色縫線、水消筆

做法

1 將白色不織布（身體和頭）裁剪好。

左手　右手

2 將藍色（帽子）、咖啡色不織布（鳥嘴）都剪好。

3 在兩片小鳥身上，以咖啡色線回針縫繡上翅膀和脖子。（回針縫參照p.51做法3.）

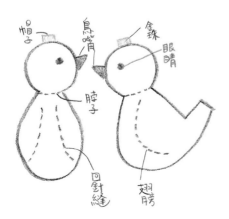

帽子　鳥嘴　鉢　眼睛　脖子　回針縫　翅膀

4 在兩片小鳥身上縫上帽子、鳥嘴、眼睛、頭頂金珠。

5 在兩隻手套上縫數枝和裝飾小球。

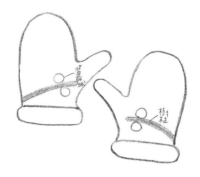

裝飾小球　樹枝

6 以回針縫將小鳥縫或以雙面膠帶貼在樹枝上。

Tips
1. 一般娃娃用的裝飾性扣子1個約3元，因為只是做裝飾用，縫線時不需縫太緊。
2. 縫上裝飾性扣子後，必須在反面再縫上黑色的暗扣，這樣IPOD放進去後才不會掉出來，暗扣需縫緊。

條紋IPOD套

 材料 條紋彈性布30×90公分、綠色彈性布30×90公分、娃娃用扣子5個、黑色暗扣3個、黑色縫線、針、剪刀、紙型（參照p.86）

 做法

1 將彈性布依紙型裁剪好（參照p.86）。

2 除了袖口以外，將衣服的前片跟後片以回針縫縫合起來（回針縫參照p.51做法3.）。

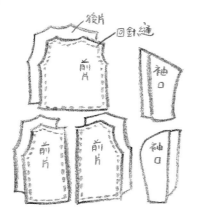

3 將袖子的布以正面布對正面布緊貼好，然後在布上縫回針縫，縫好後翻至正面後，再將袖口與剛才縫好的衣服正面縫合。

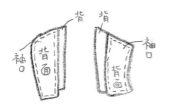

4 剪一塊與領口等長的布料，對折後沿著領口縫合。

5 衣身、袖子縫完後，剪一塊與衣身同寬的布料，沿著衣角縫合，增加衣服的層次。

6 再剪一塊與衣服下襬寬度一樣大小的橢圓形布，由內裡沿著衣角反縫，做成一個底。

7 於衣服外，縫上裝飾性鈕扣；再於內縫上3個黑色暗扣。

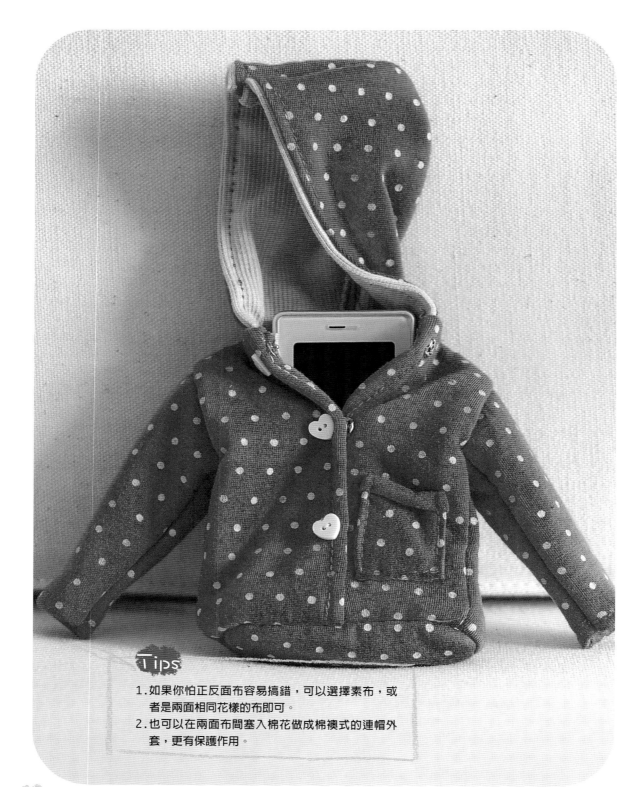

桃紅手機套

 材料 粉紅色縫線、針、剪刀、桃紅點點彈性布30×90公分、粉紅色彈性布30×90公分、愛心扣子3個、銀色暗扣3個、紙型（參照p.85）

做法

1 將彈性布依紙型裁剪好（參照p.85）。

2 除了袖口以外，將衣服的前片跟後片以回針縫縫合起來。

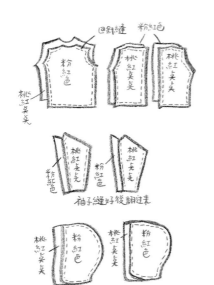

3 將袖子的布以正面布對正面布緊貼好，然後在布上縫回針縫，縫好後翻至正面後，再將袖口與剛才縫好的衣服正面縫合。

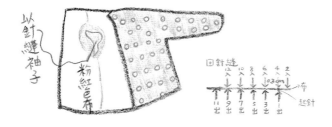

4 將帽子的布以正面布對正面布緊貼好，然後在布上縫回針縫，縫好後翻至正面後，再將帽子與剛才縫好的衣服正面縫合。

5 在上衣左前方以回針縫縫上口袋。

6 再剪一塊與衣服下襬寬度一樣大小的橢圓形布，由內裡沿著衣角反縫，做成一個底。

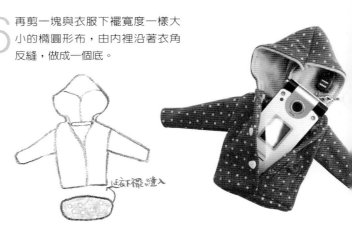

7 於衣服外，縫上裝飾性愛心鈕扣；再於內縫上3個銀色暗扣。

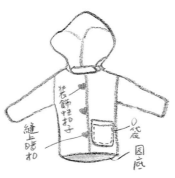

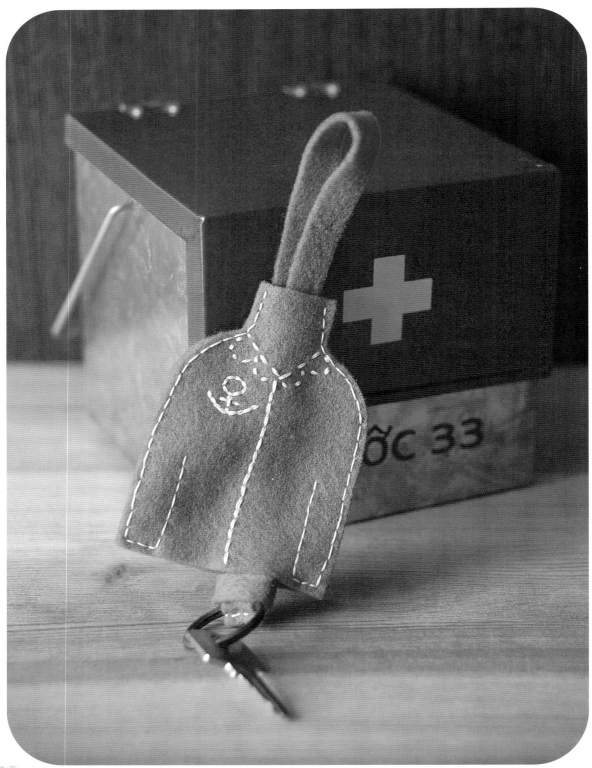

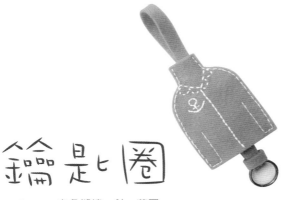

鑰匙圈

 白色縫線、針、剪刀、
藍色不織布30×30公分、鑰匙圈1個、娃娃用扣子2個、紙型（參照p.85）

做法

1 將不織布依紙型裁剪好（參照p.85）。

2 將鑰匙圈套在長條不織布裡縫合好。

以線縫起來

3 在衣服正面的不織布上，以小間隔的平針縫或回針縫繡上前領子和別針圖案（平針縫、回針縫參照p.51做法2.和3.）。

4 在衣服背面的不織布上，以小間隔的平針縫或回針縫繡上後領子。然後在衣服背面的不織布上縫上裝飾帶和扣子。

以平針或回針縫
（背面）
扣子

5 將兩片不織布以回針縫仔細縫好成一件完整的衣服，記得領口處不要縫死以利活動。

6 將剛做好的鑰匙圈由衣服內往領口穿出即可。

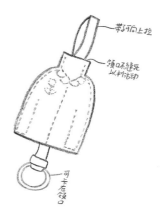

帶子向上拉
領口縫死以利活動
可卡住領口

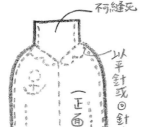

不縫死
（正面）
以平針或回針繡

Tips

1. 不織布除了可以在布店買，如果需要的量較少，可以到一般書店購買，有的書店可以單張購買，每張約30×30公分，價格約10～15元。
2. 剪好的不織布也可以依自己喜歡的圖案縫，可以做成T恤、大外套、襯衫等圖案。
3. 領口大小必須視你所買到的鑰匙圈大小而定，領口大小以能卡住鑰匙圈為標準。

1. 這個作品若不縫底部，做出來的成品就沒辦法站立。
2. 可以在棉花中撒些香粉，完成的作品就如同香包般可散發出淡淡香氣。
3. 在黏貼兩隻貓的表情時，可將眼口鼻朝相反方向黏貼，貓成品會更生動有趣。

鈴噹貓

材料 白色縫線、針、剪刀、手藝用白膠、黑白不織布各適量、日本花色拼布42×30公分、緞帶30公分、小鈴噹2個、水消筆、紙型（參照p.86、87）

做法

1 將布依紙型裁剪好（參照p.86、87）。

2 為免縫線時布會隨便移動，先將每兩片裁好的布，以正面布對正面布緊貼好，然後在布上往內1公分處，縫上較大間距的平針縫以固定布，完全縫好後再拆掉。

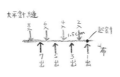

3 將小貓身體的布往內0.3～0.4公分處，以粉土或水消筆輕輕畫上縫線路徑，約4公分的外翻口也要畫出。

4 先將小貓的頭部縫上一圈回針縫，然後將貓身體與下面那塊底布縫合，底布一邊弧度縫一片貓身，記得都要留下約4公分的外翻口不要縫住。

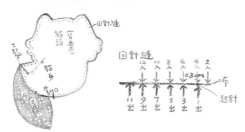

5 在貓的耳朵、鬍鬚、頸部用剪刀剪外翻的間距（如紙型標示處），以方便外翻。

6 將縫好的貓小心從外翻口的空隙中翻出，如外翻困難，可小心以剪刀輔助，將耳朵、鬍鬚等處徹底翻好，稍微整型。將棉花塞入，以藏針縫將貓底部的外翻口縫好。

7 尾巴部分如同貓身體般，以回針縫將兩片縫合，留下外翻口，外翻後並塞好棉花後，再以藏針縫縫至貓身體。

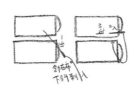

8 將眼睛和眼球、鼻嘴的紙型用不織布裁剪好，用手藝用白膠黏貼在貓臉上。

9 將鈴噹穿入緞帶中，然後繫在貓頸部。製作第二隻貓時，可將眼口鼻朝相反方向黏貼即可。

條紋圍巾

 材料 10號棒針、深藍色毛線100克、紅色毛線100克
紅色細毛線適量、長尺、剪刀、鉤針

 做法

1 先仔細看一下圍巾製作圖。

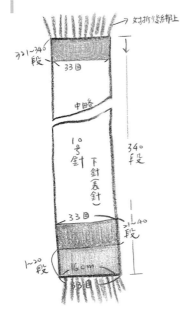

2 取藍色毛線，毛線頭先預留一些毛線，然後以兩隻棒針起針，起33目，約16公分。

下針（表針）記號

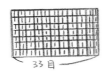

33目

3 第1段開始織下針（表針），第1～20段以深藍色編織。

4 第21段起換上紅色毛線繼續編至第40段。

5 第41～60段再換回深藍色毛線，每20段換線一次。

6 編織到第340段時準備收針。

7 將紅色細毛線裁剪成每條30公分，每20條放在一束，一共準備22束。再仔細看一下圍巾製作圖。

8 於編織好的圍巾兩端，將對折一束束的紅色細毛線，在每3目上以鉤針鉤入一束。

23

Tips

1. 下針（表針）的記號是「I」，上針（裡針）的記號是「－」。

2. 這種編法是除了全部下針（表針）以外最簡單的圍巾編織法，是初入門的人比較不容易失敗的。如果嫌鬚鬚太累贅，也可以不放。

藍色圍巾

 材料 8號棒針、天空藍色毛線200克、長尺、剪刀、鉤針

 做法

1 先仔細看一下圍巾製作圖。

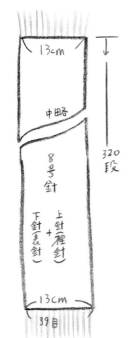

2 先留下約10克的毛線做鬚鬚。

3 取藍色毛線，毛線頭先預留一些毛線，然後以棒針起針，起39目，約13公分。

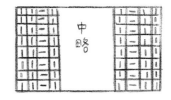

4 第1段開始第1、2目織下針（表針），第3目為上針（裡針），第4針為下針（表針），第5針為上針（裡針）。

5 第38、39目時編織下針（表針）。

6 編織到第320段時準備收針。

7 將預留的毛線裁剪成每條30公分，每20條放在一束，一共準備26束。

8 於編織好的圍巾兩端，將對折一束束的天藍色毛線，在每3目上綁上一束。

馬賽克相框

材料 青綠色義大利進口玻璃馬賽克約20個（2公分×2公分）、各色玻璃珠適量、木頭相框1個、銀色漆適量、白膠、照片、馬賽克專用剪刀

做法

1 除相框中放照片的地方外，其餘皆塗上銀色漆。

2 以馬賽克專用剪刀將玻璃馬賽克剪成一個個0.5公分×0.5公分的小方塊。

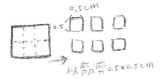

3 將剪好的馬賽克小方塊沾上白膠，按順序一顆顆貼在相框外圍和照片周圍。

4 於相框內其他位置貼上粉紅色、紅色玻璃珠做成花，然後黏上樹枝，最後再黏上樹葉部分。

5 在相框中放上照片。

Tips
1. 各色玻璃珠可在後火車站，或是一般手工藝品店買到，可依現場販售的種類隨各人喜好挑選。
2. 裁剪玻璃馬賽克不可隨意使用一般的剪刀，必須購買專用的磁磚剪或剪刀。

愛心卡片

 黃色美術紙1張（21×29公分）、藍色美術紙1張（21×29公分）、
金色細繩1條、口紅膠、刀片

做法

1 將買來的黃色、藍色美術紙分別裁成
17×11.5公分。

2 在黃色美術紙上畫上圖案。

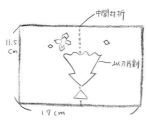

3 以刀片將紙上圖案割好。

4 將藍色美術紙和黃色美術紙重疊，
以口紅膠黏貼好。

5 卡片外綁上金色細繩即可。

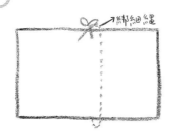

Tips

1. 黏貼兩張紙時最好不要使用一般的膠水，會讓紙看起來濕濕的，可選用不含水份的口紅膠或雙面膠帶。
2. 卡片的顏色可依各人喜好做變換，最常見的A4尺寸的美術紙在一般書店都買得到，每張約5元。

Tips

1. 黏土可在一般的文具店買，就是白色長方形且有
   厚度的那種。模型壓在黏土上時要壓緊，皂液倒
   入後才不會流出。
2. 模型可在一般賣烘焙點心材料的地方買到，要買
   稍微有厚度的，完成的肥皂才會比較厚實。

甜心手工皂

材料 透明甘油皂基200克、藍色色素1滴、紅色色素1滴、鮮奶適量、正方模型2個、黏土1包、小刀

做法

1 將透明甘油皂基以刀片切成小正方塊。

2 先取160克切好的透明皂基塊倒入小碗中，放入微波爐中，一次加熱30秒鐘後拿出來拌一下至皂基全部融化，一半加入藍色色素，另一半加入紅色色素後輕輕攪拌。

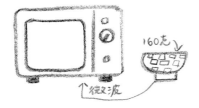

3 將黏土的表面壓平，再將正方模型分別壓在黏土上，記得壓緊些。

4 將藍色皂基和紅色皂基分別倒入兩個正方模型中，等冷卻後脫膜，即成藍色皂、紅色皂。

5 以小刀將藍色皂、紅色皂中間挖出愛心形狀。

6 取剩餘的40克皂基塊倒入小碗中，放入微波爐中，一次加熱30秒鐘後拿出來拌一下至皂基全部融化，加入鮮奶後輕輕攪拌，即成白色皂基。

7 將白色皂基分別倒入已挖空的愛心中，等冷卻後即成。

Chocolate & Cookie &

01

巧克力、餅乾DIY篇

百貨公司、滿街點心店五花八門的餅乾、
巧克力、點心一直是送禮的最佳選擇，
但你可曾試著自己親手做來送給親愛的他，
或是其他朋友？
只有自己做餅乾、巧克力，
你才能做出自己喜歡、深具個人特色的素人成品。
學會自己烘焙餅乾、製作巧克力，
不論是情人節、生日，還是任何一天，
只要想做都可以輕鬆完成，不要猶豫了，
現在就準備開始學習吧！

起司蛋糕條

 材料 無鹽奶油80克、消化餅乾240克、奶油起司（cream cheese）300克、
細砂糖75克、鮮奶100克、全蛋2個

做法

1. 將烘焙紙用紙舖於耐烤的烤盤模型底部。
2. 將奶油融成液狀。
3. 將消化餅乾壓碎成粉末狀。
4. 將融化的奶油倒入餅乾末中混合均勻。
5. 將餅乾末倒入模型中，以手掌或湯匙背面壓平壓緊，放入
   冷藏冰箱冰硬。
6. 將奶油起司攪打至軟，再將細砂糖倒入拌勻。
7. 將鮮奶倒入拌勻。
8. 全蛋也加入拌勻即可。
9. 將起司糊倒入模型中。
10. 將整盤起司放入冰箱烤箱，以上下火150℃烤約1小時，待
    涼後放入冷藏冰鎮後即可切成條狀。

巧克力蒙布朗蛋糕

材料 清水320c.c.、全蛋3個、巧克力蛋糕預拌粉500克、
沙拉油80c.c.、藍莓餡100克

做法

1. 將清水和全蛋倒入鋼盆中拌勻。
2. 倒入巧克力蛋糕預拌粉攪拌均勻。
3. 加入沙拉油拌勻，即成麵糊。
4. 將麵糊倒入已舖好烘焙紙的方形模型中。
5. 將麵糊以抹刀稍抹平。
6. 將方形模放入烤箱，以上下火180℃烤約15分鐘，以叉子刺進
   蛋糕，取出時末沾黏即可。
7. 待蛋糕放涼後，撕去底紙，抹上藍莓餡。
8. 利用烘焙紙墊在蛋糕下，然後順勢將蛋糕捲起。
9. 可將蛋糕放入冰箱冷藏定型，然後切成圓片狀即成。

融化巧克力
Q&A

一顆動輒數十元的高級巧克力常使人買不下手，
那自己做可以成功嗎？
其實高級甜點巧克力並不若一般人想的做法繁複，
只要買好材料，用對融化的方法，再加上些巧思和裝飾，
你一定也可以做出不輸外面店家的好吃巧克力。
以下幾個關於巧克力製作上常見的疑問，
是你在DIY巧克力前必須先研究一下的。

 哪種巧克力適合DIY？

市售的巧克力磚有純巧克力、檸檬、草莓、牛奶等多種口味，都很適合拿來DIY各種巧克力點心，不過，其中純巧克力、牛奶巧克力磚適合再加入些堅果類材料製作，而檸檬、草莓口味的巧克力磚則可做成純的巧克力。

 巧克力磚、模型都很難買嗎？要去哪裡買呢？

可以到一般大型超市、烘焙材料行、大型食品材料行，都可以買得到各種口味的巧克力磚、可愛模型。

巧克力該如何融化呢？

千萬不可以直接加熱，最簡單的方法是「隔水加熱」。將巧克力切成小碎塊後倒入容器中，然後以隔水加熱的方法融，當底盆的水煮沸了就可以熄火，隔著熱水不停攪拌直到巧克力融化，但注意不可打發，避免產生氣泡。

 想在自製的巧克力上寫字或畫線條該如何做呢？

如果你已經做好的是咖啡色的巧克力，那你可以取牛奶或草莓口味的巧克力，隔水加熱後倒入擠花袋中，然後擠在巧克力上即可。

 為什麼巧克力要切小塊後再隔水加熱呢？

直接將整大塊巧克力磚隔水加熱的話，融化後可能會出現大小顆粒狀，不僅成品相不足，吃起來口感也不佳。

 隔水加熱時火力需注意嗎？

是的。巧克力必須以小火隔水加熱，而且要不停慢慢攪拌，否則巧克力容易煮焦掉。

 攪拌巧克力時需注意些什麼？

攪拌巧克力時，要將攪拌的工具放入盆中，不要像製作蛋糕時的攪拌那樣，需避免攪入空氣。

Q 欲融化巧克力時，在選擇盛裝碎巧克力的容器時要注意些什麼？

裝巧克力的容器要比底盆裝水的盆子高，可以防止水氣滴入巧克力鍋中。

Q 巧克力除了可用模型塑形以外，還有什麼可以代替的呢？

還可以利用像製冰器、布丁盒、餅乾盒、果凍模，或者其他日常生活中意想不到、外形可愛的容器都可以拿來使用。

Q 完成的巧克力若要隔一天才送人的話，必須放在冰箱保存嗎？

由於巧克力預熱就會融化，所以沒有要馬上食用或送人的巧克力，最好放入冰箱以冷藏來保存，不過切勿用冷凍保存，否則取出時巧克力表面會有水霧，影響品相和口感。

Q 用不完的巧克力磚該如何處理？

用不完的巧克力，或者巧克力磚一開封後就要馬上密封起來，才可以避免它結塊或受潮。

草莓巧克力

材料　黑巧克力塊200克、白（牛奶）巧克力塊200克、新鮮草莓20顆

做法

1. 將黑巧克力切成碎塊，然後放入鋼盆中隔水加熱融化（融化巧克力參照p.36）。
2. 將巧克力隔水融化成液態。
3. 將洗淨擦乾的新鮮草莓沾上巧克醬，放於烘焙紙盤紙上待巧克力凝結。
4. 白巧克力亦重複以上的步驟先融化。
5. 將草莓沾上白巧克力即成。

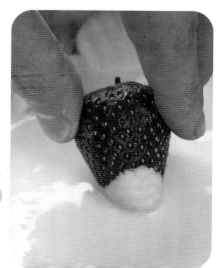

巧克力QQ圓

 材料 牛奶500c.c.、白砂糖60克、可可粉50克、低筋麵粉20克、玉米粉20克、椰子粉適量

做法

1. 將白砂糖加入牛奶中攪拌拌勻。
2. 加入可可粉拌勻。
3. 先加入麵粉，再加入玉米粉拌勻，以小火加熱，一邊攪拌一邊煮約20分鐘，即成巧克力QQ圓。
4. 取一烤盤，鋪上鋁箔紙，抹上少許油，倒入巧克力QQ圓，然後抹平。
5. 等巧克力QQ圓冷卻後，再用刀子切成一口大小的塊狀。
6. 將巧克力QQ圓沾上椰子粉。

苦甜巧克力

 材料 黑巧克力塊300克

做法

1.將黑巧克力切成碎塊,然後以隔水加熱融化。(融化巧克力參照p.36)。

2.將巧克力隔水融化成液狀。

3.待溫度稍降,立刻倒入巧克力模型中。

4.將巧克力放於室溫中自然變硬,也可放入冰箱中冷藏以加速凝結,然後再脫模即成。

巧克力泡芙

材料 無鹽奶油40克、清水90c.c.、鹽1/4小匙、低筋麵粉70克、全蛋180克（約3個）、巧克力甘那許醬（ganache）200克（黑巧克力100克、鮮奶油100克）、黑巧克力塊100克

做法

1. 將奶油和清水、鹽放入小鍋中煮至沸騰。
2. 將已過篩的麵粉倒入，以文火續煮，同時繼續攪拌至麵糊呈黏性即可離火。
3. 待麵糊稍涼至50~60℃，再分次將蛋倒入拌勻。
4. 將麵糊填入擠花袋中。
5. 在烤盤紙上分別擠出長條（約6公分）及圓形（4公分）的泡芙麵糊。
6. 在泡芙麵糊表面抹少許清水，維持表皮溼潤，以利烤焙時膨脹。
7. 將泡芙麵糊放入烤箱，以上下火200℃烤約20分鐘至表皮呈金黃色。
8. 將100克黑巧克力塊融化後加入100克鮮奶油拌勻，做成巧克力甘那許醬。將泡芙刺一小孔，再以擠花袋灌入巧克力甘那許醬。
9. 將填好餡的小泡芙沾上融化的巧克力即成（融化巧克力可參照p.36）。

冰凍巧克力

材料 黑巧克力塊400克、鮮奶油280克、可可粉適量

做法

1. 將巧克力塊切成碎塊或片。
2. 將鮮奶油隔水加熱,然後倒入切碎的巧克力塊。
3. 繼續隔水加熱至巧克力塊完全融化,即成巧克力糊(融化巧克力參照p.36)。
4. 將巧克力糊倒入已舖好紙的容器中。
5. 用抹刀將巧克力糊抹平,放入冰箱中冷藏至冰硬。
6. 待巧克力變硬後,取出切成小塊。
7. 沾裹上可可粉即成!

草莓巧克力片

材料 白（牛奶）巧克力塊100克、草莓巧克力塊200克

做法

1. 將白巧克力塊切成碎塊，放入鋼盆中隔水加熱（融化巧克力參照p.36）。
2. 將白巧克力塊隔水融成液狀。
3. 草莓巧克力也重覆相同步驟融化成液狀。
4. 將草莓巧克力滴在烘焙紙上，使其自然形成圓片狀。
5. 將融化了的白巧克力倒入塑膠袋中，袋口旋緊，並在袋角剪一小細口，即成自製擠花袋。
6. 將白巧克力線條擠在已凝結的草莓巧克力片上，待巧克力完全結硬後，再從烘焙紙上取下即成。

巧克力球

 材料 黑巧克力蛋糕適量、巧克力甘那許醬適量
（黑巧克力塊250克、鮮奶油250克）、
薄荷巧克力適量、綜合果仁適量

做法

1. 將黑巧克力蛋糕邊或皮撕成小塊。
2. 倒入綜合果仁混合。
3. 將250克黑巧克力塊融化後加入250克鮮奶油拌勻，
   做成巧克力甘那許醬。將巧克力甘那許醬倒入鋼盆
   中和蛋糕塊拌勻。
4. 以手捏成圓球狀。
5. 將薄荷巧克力隔水融化（融化巧克力參照p.36）。
6. 將巧克力球沾裹上薄荷巧克力即成。

巧克力布朗尼

材料 全蛋3個、細砂糖80克、鹽1/2小匙、
低筋麵粉80克、泡打粉1小匙、
黑巧克力塊250克

做法

1. 將全蛋打至略發。
2. 加入細砂糖,然後繼續打發至濃稠。
3. 繼續攪拌至顏色轉白。
4. 將已過篩的麵粉加入拌勻。
5. 將約1/3量的麵糊倒入融化的巧克力拌勻,即成巧克力麵糊(融化巧克力參照p.36)。
6. 將巧克力麵糊倒回剩餘的麵糊中拌勻。
7. 將拌勻的麵糊填入擠花袋中,再分別擠入鋁箔小模型中。
8. 將小模型放入烤箱,以上下火180℃烤約15～20分鐘即成。

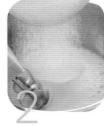

可愛造型餅乾

材料 無鹽奶油200克、糖粉100克、蛋黃2個、低筋麵粉80克、咖啡粉40克、白（牛奶）巧克力塊適量

做法

1. 將奶油和糖粉打發，再依序加入蛋黃、麵粉、咖啡粉拌勻，放入冰箱中冷藏冰硬。
2. 將冰硬的麵糰擀成約0.5公分厚的麵皮。
3. 以造型模型壓出多種造型餅乾。
4. 將造型餅乾排於烤盤上，以上下火180℃烤約15分鐘。待餅乾出爐後放涼再擠上事先融好的白巧克力。
5. 先融化白巧克力，再倒入擠花袋中，慢慢擠出作裝飾線條即成（融化巧克參照p.36）。

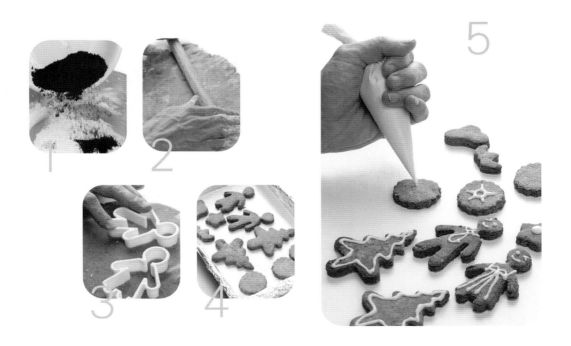

熊熊餅乾

材料 黃色麵糰：低筋麵粉200克、無鹽奶油150克、
細砂糖80克、蛋黃1個、香草精1/2小匙
咖啡色麵糰：低筋麵粉160克、可可粉40克、
無鹽奶油150克、細砂糖80克、蛋黃1個、香草精1/2小匙

做法

1. 將奶油和糖攪拌打發至顏色變淺。
2. 加入蛋黃及香草精拌勻，再將麵粉篩入拌勻，即成黃色麵糰。
3. 如上1和2步驟同樣做出麵糰，加入可可粉揉搓，即成咖啡色麵糰。
4. 將黃色麵糰搓成圖中的長條狀（若麵糰太軟，可放入冰箱中冷藏稍冰硬），並以刀子從中畫一刀成兩半。
5. 搓揉出5條咖啡色麵糰長條和3條黃色麵條（一大二小）。
6. 先將黃色麵糰壓成一弧形，放上一條咖啡色麵糰，同樣壓一下。
7. 鋪上另一條黃色麵糰。
8. 放上兩條咖啡色麵糰做眼睛。
9. 鋪上最後一片黃色麵糰做頭部。
10. 放上最後2條咖啡色麵糰做耳朵，即已組成熊熊圖樣。
11. 以保鮮膜包好放入冰箱中冷藏約30分鐘，待麵糰冰硬後取出切片，可愛熊熊臉就出現了。
12. 將熊熊餅乾整齊排放在烤盤上，以上下火170℃烤約15~20分鐘，待餅乾呈金黃色即成。

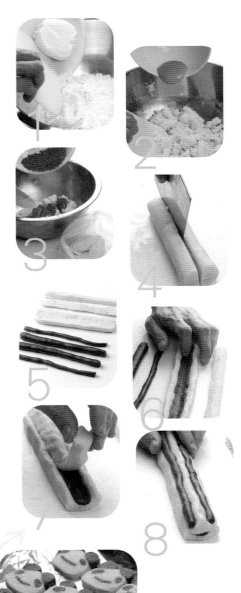

巧克力腰果瑪芬

 材料 全蛋2個、細砂糖100克、鮮奶100c.c.、無鹽奶油100克、中筋麵粉220克、可可粉35克、泡打粉1½小匙、小蘇打粉1/2小匙、腰果適量

做法

1. 將全蛋放入鋼盆中，再加入細砂糖。
2. 將蛋液打發至顏色轉白呈濃稠狀。
3. 加入鮮奶拌勻。
4. 倒入事先煮融的奶油拌勻。
5. 加入已過篩的麵粉、泡打粉、小蘇打粉拌勻。
6. 加入已過篩的可可粉拌勻，即成麵糊。
7. 將麵糊到入模型紙杯中約七分滿。
8. 將腰果放在麵糊上，然後把模型放入烤箱，以上下火180℃烤約20分鐘至表面呈金黃色即成。
9. 烤好取出後放涼。

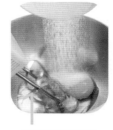

巧克力千層酥

千層酥皮：高筋麵粉300克、低筋麵粉300克、細砂糖40克、鹽10克（約2小匙）、牛奶280c.c.、無鹽奶油420克
市售巧克力醬適量

做法

1. 先將高、低筋麵粉混合過篩，再和細砂糖、鹽一起倒入鋼盆中。
2. 將牛奶倒入麵粉中攪拌成糰，稍微搓揉出筋。
3. 將揉好的麵糰用刀割出十字刀痕，用塑膠袋封好，然後放入冰箱中冷藏鬆弛約30分鐘。
4. 桌面上撒少許手粉，將麵糰依割痕的四角切開，成一個中間厚四邊薄的十字形。
5. 將事先壓薄的四方形奶油塊，置於麵皮的中間。
6. 將麵皮的四角依序將奶油塊包覆。
7. 將麵皮擀成長條形，中間若有氣泡，要用牙籤或叉子戳破。
8. 將麵皮折疊成三褶，再用塑膠袋封好放入冰箱冷藏鬆弛20分鐘，重複此步驟3次。
9. 將麵皮擀成約0.2公分薄，再分切成約6×12公分的小片，排入烤盤上，用叉子在麵皮上刺洞，以免麵皮烤焙時過度膨脹。
10. 將麵皮放入烤箱，以上下火200℃烤約20分鐘至酥皮呈金黃色。
11. 將市售巧克力醬填入擠花袋中。
12. 將巧克力醬擠在千層酥皮上，再蓋上一片千層酥皮，如此重覆一次即成。

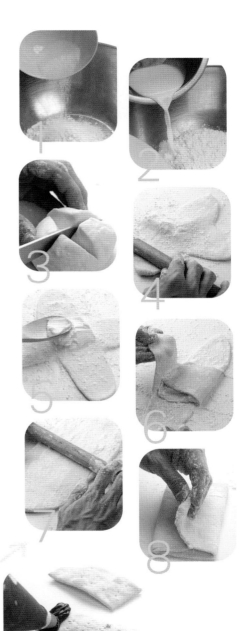

巧克力手指餅乾

材料 蛋白4個、細砂糖60克、低筋麵粉80克、黑巧克力塊80克、
白（牛奶）巧克力塊80克

做法

1. 將細砂糖和蛋白打發。
2. 將已過篩的麵粉倒入輕輕拌勻。
3. 將事先隔水融化的巧克力倒入拌勻，即成巧克力麵糊。
   （融化巧克力參照p.36）。
4. 將巧克力麵糊填入擠花袋中。
5. 在烤盤紙上依序擠出約6公分的長扁條麵糊，放入烤箱，以
   上下火約200℃烤約10分鐘。
6. 待餅乾涼後，可將融化的白巧克力醬擠作夾心餡，並擠在
   表面做裝飾。

烤餅乾 Q+A

餅乾是最常見的小點心之一，
也是許多烘焙入門者學習的第一步，
然而，初學者在剛開始學習烤餅乾時，總存有一些疑問，
以致於操作失敗，無法完成成品，漸漸失去DIY的熱誠。
以下是幾個初學者最容易對烘焙餅乾產生的疑問，
對餅乾懷抱夢想、希望第一次就能成功烤餅乾的你，
一定要好好瞭解。

Q 一般的小烤箱也可以用來烘烤餅乾嗎？

不行。這類小烤箱通常只是用來加熱食材，像烤香腸、烤魚等，並不適用於正式的烘焙，必須使用有溫度設定功能的大烤箱才行。

Q 製作餅乾時，只要大略抓一下材料的量就可以了？

錯。材料份量的準確是做好餅乾的第一步，像最常使用到的麵粉，份量一定要準確才會做出好的成品，所以，準備一個刻度精密的電子磅秤，是烘烤餅乾、製作點心成功的關鍵。

Q 材料準備好後需注意些什麼呢？

按照食譜將材料量好後，記得要將乾的材料和濕的材料分開置放，不可在製作過程中需用到時才趕緊準備，這樣很容易有所遺漏，或是延長了混合材料的時間。

Q 烤餅乾前，烤箱也要先預熱嗎？

是的！一般在烘烤前必須先預熱10分鐘以上，大型烤箱則以15～20分鐘較理想，這樣餅乾才不會一放入烤箱就接觸到冰冷的烤盤導致配方變化，而且大烤箱傳熱的速度很慢，不預熱的話，很難精準計算正確的烘烤時間。

Q 烤箱預熱時，烤箱門需要關著嗎？

是。由於烤箱的傳熱速度較慢，才會需要預熱，若是預熱時不關門，傳熱會更慢，就失去了預熱的功效。

Q 擀餅乾麵糰時，如果麵糰變軟了，容易沾黏到擀麵棍時該怎麼辦？

可以先將麵糰放回冰箱稍微冷藏，待其變硬後再取出繼續使用。

Q 為什麼有時烘烤出來的餅乾會厚薄不一呢？

這是因為在擀餅乾麵糰時施力不均勻，才會有些部分太厚有些則太薄，所以擀麵糰時要記得慢慢擀，使麵皮厚度相同，烤出來的餅乾才會漂亮。

Q 即使餅乾的量太多，為求方便，一定要將全部倒入烤盤一次烤完？

錯。先將餅乾排在烤盤上，每塊餅乾間要保留些間距，不可黏在一起。其他沒法子一次放入烤盤的，可以留到第二盤，甚至第三盤再烤，千萬不可以層疊的方式企圖一次就烤完。

Q 烤第二盤餅乾時，該注意些什麼？

當第一盤餅乾烤完取出，必須等烤盤再次冷卻，才能將其他的生餅乾排入送進烤箱烘焙，否則烤盤仍保有的熱度會影響生餅乾的造型。

Q 為什麼即使按照食譜上的時間和溫度烤，烤好的餅乾顏色還是偏深呢？

這是因為每一台烤箱多少還是會有溫度上的誤差，不妨準備一支烤箱溫度計，量一下烤箱溫度與實際溫度差，再略做調整就可以了。

Q 烘焙餅乾時，烤盤上要鋪東西嗎？

必須鋪上烤盤紙或鋁箔紙，兩種紙都可以防止成品沾黏在烤盤上，不過，烤盤紙的價格比較高。

Q 餅乾烤好後可以馬上取下來嗎？

不行，必須等餅乾自然冷卻後才能取下。尤其像一些造型餅乾，像娃娃餅乾、動物餅乾等，若在未冷卻時試圖將它取下，可能會使餅乾較細的地方斷掉，破壞整個餅乾外觀的完整性。

Q 為什麼完成的餅乾會有粗顆粒？

那可能是因為製作過程中，麵粉並未過篩就直接拿來使用，同樣其他如糖粉等粉材料也都必須過篩後才能使用。

Q 烤好的餅乾要馬上就放在盒子裡包裝起來？

烤好的餅乾絕對不可以立刻裝入盒子或袋子裡，必須先置於一旁，等它冷卻了才可以裝罐或裝盒。

杏仁片餅乾

材料 原味杏仁果300克、蛋白4個、細砂糖120克、沙拉油60c.c.、低筋麵粉60克

做法

1. 將杏仁果切成片狀。
2. 將蛋白和細砂糖倒入鋼盆中拌勻。
3. 加入沙拉油拌勻。
4. 將已過篩的麵粉加入拌勻,即成麵糊。
5. 將杏仁片加入麵糊中拌勻,即成杏仁片糊。
6. 以湯匙將杏仁片糊舀到烤盤上,將其壓平,麵糊的大小及厚薄要接近,如此烤焙出來的顏色才會一致,然後放入烤箱,以上下火180℃烤約10分鐘即成。
7. 餅乾一出爐時可趁熱放在馬克杯或其他圓瓶邊上壓一下,然後等餅乾涼。

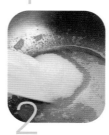
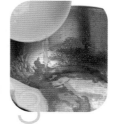

巧克力腰果椰子塔

材料 無鹽奶油135克、糖粉90克、低筋麵粉160克、椰子粉40克、鮮奶60c.c.、
巧克力甘那許醬適量、烤過的腰果100克、椰子粉少許

做法

1. 將奶油和糖粉打至鬆發。
2. 將低筋麵粉和椰子粉倒入拌勻。
3. 將鮮奶加入拌勻。
4. 攪拌均勻成光滑麵糰，放入冷藏冰硬備用。
5. 取適量的麵糰直接在小模型中揉捏成形。
6. 將小模型放入烤箱，以上下火180℃烤約15~20分鐘至
   呈金黃色，待稍涼後，倒入巧克力甘那許醬（巧克力
   甘那許醬做法參照p.43）。
7. 將烤過的腰果放在巧克力甘那許醬上。
8. 撒上椰子粉裝飾即可。

果子餅乾

材料 無鹽奶油220克、細砂糖110克、
蛋黃2個、低筋麵粉300克、
綜合果仁適量

做法

1. 將奶油和細砂糖放入鋼盆中攪拌，將奶油攪拌至
   鬆發。
2. 將蛋黃倒入拌勻。
3. 倒入已過篩的麵粉拌勻，即成麵糊。
4. 選用星型花嘴，套在擠花袋中，再將麵糊裝入擠
   花袋中。
5. 在烤盤上擠出螺旋狀的小麵糊。
6. 將綜合果仁輕壓在擠好的麵糊上。
7. 將餅乾糊放入烤箱，以上下火170℃烤約15～20分
   鐘即成。

藍莓瑪芬

材料 全蛋2個、細砂糖100克、鮮奶100c.c.、無鹽奶油100克、中筋麵粉250克、泡打粉1 1/2小匙、小蘇打粉1/2小匙、藍莓醬適量

做法

1. 將全蛋放入鋼盆中，再加入細砂糖。
2. 將蛋液打發至顏色轉白呈濃稠狀。
3. 加入鮮奶拌勻。
4. 倒入事先煮融的奶油拌勻。
5. 加入已過篩的麵粉、泡打粉、小蘇打粉拌勻，即成麵糊。
6. 將麵糊到入模型紙杯中約七分滿，再以湯匙舀一匙藍莓醬於麵糊上。
7. 將瑪芬放入烤箱，以上下火180℃烤約20分鐘，至表面呈金黃色即成。

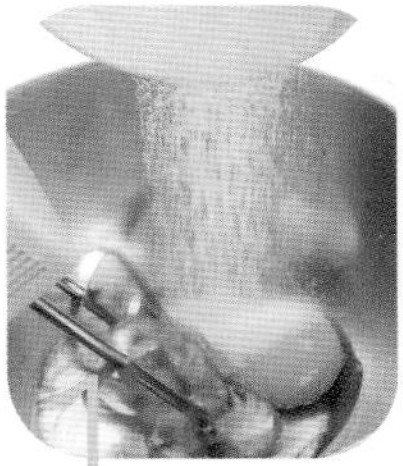
1

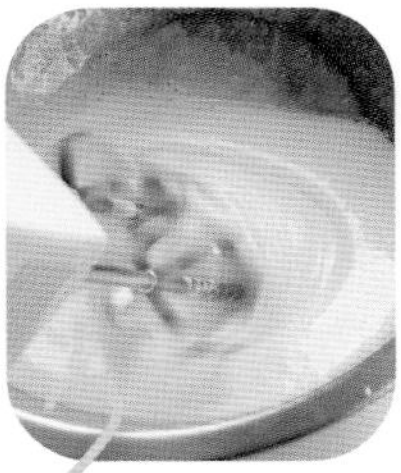
2

3

4

5

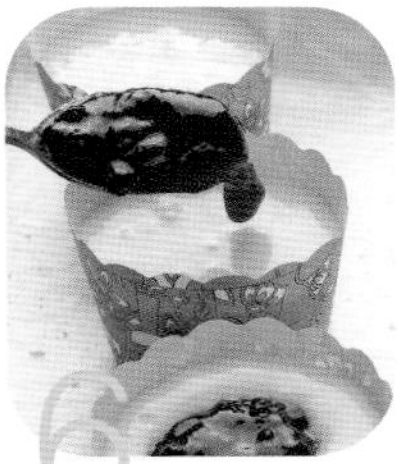
6

7

紅葡萄酒洋梨凍

材料 　紅葡萄汁400c.c.、細砂糖45克、果凍粉15克（約1大匙）、
紅葡萄酒200c.c.、西洋梨1顆

做法

1. 將紅葡萄汁將熱至60℃，趁熱將已拌勻的糖和果凍粉緩緩倒入拌勻。
2. 將紅葡萄酒倒入拌勻，放置一旁稍涼備用。
3. 將西洋梨去核，然後切成薄片，泡於鹽水中以免變色。
4. 將西洋梨薄片排於玻璃杯中，再緩緩倒入果凍液，移入冰箱冷藏冰硬即成。

葡萄酒

 材料 葡萄、粗冰糖（葡萄與糖的比例為1：4）、玻璃罐附軟木塞蓋、
塑膠袋、塑膠繩

做法

1. 將玻璃罐徹底清洗乾淨，然後自然晾乾。
2. 拿剪刀將葡萄的枝和蒂頭減掉，避免壓破葡萄皮。
3. 將葡萄分層放入玻璃罐中，每放一層就撒一些冰糖，裝到半滿
   或三分之二為止。
4. 罐口軟木塞塞好，套上塑膠袋，再用塑膠繩綁好。
5. 整罐放在陰暗處，約4個月即可食用，不過若在冬天溫度較低
   時釀酒，約6個月才能釀好。
6. 在釀葡萄酒的這一段時間，千萬不可打開軟木塞來看葡萄發酵
   的狀況，否則一旦氧氣進入罐中，會導致黴菌進入。
7. 葡萄一定要使其自然晾乾才能放入罐中，否則酒會臭掉。葡萄
   也不能放在太陽底下曬乾，一定要放在陰涼處讓它自然乾。

packing

完成了美美、好吃的餅乾、點心，
千萬可別裝在個透明塑膠袋裡就拿去送人了，
一定要稍加以包裝，讓你的餅乾、
點心穿上美麗的外衣，再送給親愛的他或朋友。

03

禮物包裝
DIY篇

長方盒包裝法

材料
粉紅色皺紋紙3張（21×29公分）
長方形盒子（約21×12公分）
烘焙紙1大張（約21×36公分）
細麻繩6條、剪刀

做法

1. 將粉紅色皺紋紙以刀片割成許多細條。
2. 將細條皺紋紙以手稍微弄皺，然後鋪在盒子裡。
3. 先將烘焙紙裁切成每張為21×12公分，放入起司條，因為烘焙紙較滑手，必須小心包裝好。
4. 在包裝好的起司條兩端綁上細麻繩，先拉緊細繩，然後綁上小蝴蝶結。
5. 將包裝好的起司條放入盒子裡。

5

1

2

3

4

適合置放的點心
長條形起司條、餅乾等。

正方盒包裝法

材料 白色皺紋紙3張（21×29公分）
咖啡色皺紋紙1張（21×29公分）
正方形盒子（約10×10×8公分）

做法

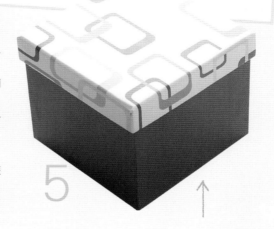

1. 先將2張白色皺紋紙輕揉成一糰，放入盒子裡。
2. 將咖啡色皺紋紙揉成一糰，然後疊鋪在盒裡的白色皺紋紙上。
3. 再將剩餘的1張白色皺紋紙輕揉成一糰，疊鋪在盒裡的咖啡色皺紋紙上。
4. 放入方塊QQ圓或點心。
5. 蓋上盒蓋，也可以再繫上緞帶做裝飾。

適合置放的點心

正方形、圓形餅乾、糖果等較小塊的點心。

立體紙袋包裝法

材料 立體紙袋1個、烘焙紙1張、毛茸茸鐵絲1根、透明膠帶1小段、刀片

做法

1. 立體紙袋從袋口處，取相同寬度，以折扇形的方式折起數折。
2. 烘焙紙裁成可以包住瑪芬的正方形，將瑪芬放在烘焙紙上包好，並以透明膠帶黏貼。
3. 將包好的馬芬都放入紙袋裡。
4. 瑪芬放入紙袋後，將紙袋口沿著剛才折的扇行痕跡再折一次，然後將毛茸茸鐵絲從袋底往袋口弄好，於袋口打個節。
5. 將毛茸茸鐵絲綁上一個蝴蝶結。

適合置放的點心

圓形、四方形的瑪芬、蒸糕、巧克力等。

禮物包裝 Q+A

烘烤完好吃的點心、DIY漂亮的雜貨禮物後，一定要包裝的美美的才能送給心愛的他。包裝禮物有什麼技巧？該注意什麼小細節嗎？還有，哪些食物不適合當作禮物送人？弄清楚以下幾個小問題，包裝禮物絕對難不倒你。

Q 哪些點心不適合當禮物來送呢？

像冰淇淋、雪波（sherbet）等冰涼點心，因容易繁殖細菌，不適合當作送人的禮物。此外，以奶油裝飾或以水果點綴的蛋糕點心，因怕出水使蛋糕軟化，或者奶油香味流失，也同樣不適合送人。

Q 包裝盒裡面需要放入乾燥劑嗎？

如果是餅乾類這種可以存放好幾天的點心，可先連同乾燥劑一起放入可關緊的玻璃罐裡，不過，最好再提醒一次收禮的人較安全。

Q 想利用家裡現有的空罐、空瓶來包裝，卻發現罐子有原來置放物的味道時怎麼辦？

可以將廚房用的漂白劑加入水（水100：漂白劑1）來稀釋，然後以布沾漂白水來擦玻璃罐，大約靜置約30分鐘後以清水徹底沖洗乾淨再使用。

Q 易碎的餅乾該如何包裝呢？

一片片的餅乾若放進盒子裡，容易因運送過程中的不小心碰撞，或者最底層的餅乾被壓碎，所以最好將其放入較堅固的玻璃瓶中，再小心運送即可。

Q 加入大量奶油做成的餅乾在包裝時須注意什麼嗎？

加入大量奶油烘焙而成的餅乾比較容易乾掉，最好是將一塊塊餅乾放入小透明塑膠袋裡，然後再仔細封口，才不會還沒送人就乾裂了。

Q 有些餅乾容易出油，弄得油膩膩的，有沒有較適合的包裝方法？

像杏仁碎片這種容易出油的餅乾，可以購買袋內經過防油處理的小紙袋來包裝，或者在盒底鋪上一層吸油紙，利用本身就可吸油的紙來包裝，才不會一打開盒子就到處都是油膩。

Q 包裝巧克力時需注意些什麼呢？

巧克力容易因熱而融化，不妨在每顆巧克力外層再多包一層糖果紙，可有效避免巧克力遇熱融化。

Q 除了盒子、一般市售的包裝紙外，還可以利用哪些東西來包裝呢？

除了常見的長方、四方和圓形盒子外，也可以利用玻璃罐、玻璃杯、竹籃、紙袋等來做包裝容器，看膩了千篇一律的盒形包裝，不妨換個特別的容器。

Q 包裝禮物時，只能用緞帶來裝飾嗎？

不一定，緞帶只是最容易購買到的裝飾物，其實像麻繩、皮繩、五顏六色橡皮圈、聖誕節常見的金銀色細鐵絲、花布等，再加上些小飾品、扣子、珠珠或人造花來點綴，都是讓你的包裝更出色的好幫手。

Q 如果想送果凍類，該如何包裝？

果凍類點心是最適合點心入門者製作的，失敗率為0%，可一開始就以小杯子為容器，然後再密封杯口即可，不過還是得注意運送時避免上下左右搖晃。

玻璃罐包裝法

玻璃罐子1個、
正方形花布1塊（尺寸需視玻璃罐口大小而定）
粗麻繩1條（長度以能繫住罐口周圍兩圈為宜）
橡皮圈1條、細麻繩1條、小瓢蟲裝飾1個

1. 玻璃罐擦乾淨，將餅乾一塊塊疊放排入，蓋上蓋子。
2. 將花布反面罩在罐口，以粗麻繩纏繞罐口約2圈，然後綁起，使花布固定。
3. 將綁好的花布從每個角落抓起，慢慢往上翻。
4. 抓緊翻好的花布，以橡皮圈固定。
5. 將小瓢蟲裝飾穿入細麻繩裡，再以細麻繩繞在橡皮圈上，小瓢蟲朝外，細麻繩綁緊。
6. 將細麻繩綁上蝴蝶結。

適合置放的點心

造型餅乾、片狀餅乾、圓球點心、小糖果等。

78

玻璃杯包裝法

材料 玻璃杯1個、包裝紙（尺寸需視杯口大小而定）
粗麻繩1條（長度以能繫住玻璃杯口周圍1圈為宜）
乾燥花葉數朵、雙面膠帶1小段、剪刀

做法

1. 玻璃杯擦乾淨，將果凍、點心放入，然後包裝紙正面朝上，鋪蓋在玻璃杯口。
2. 在包裝紙上黏些雙面膠帶。
3. 雙面膠帶撕開，將乾燥花葉黏在上面。
4. 以粗麻繩纏繞杯口1圈，然後綁起，使包裝紙固定。
5. 將粗麻繩打個固定結，或者綁上蝴蝶結。記得要綁緊，才能固定住包裝紙。

適合置放的點心

各式果凍、小圓球點心、小糖果等。

大圓盒包裝法

材料　透明塑膠袋（10×8公分）數個、餅乾數片、
綁繩數條、大圓盒子1個、寬緞帶1條

做法

1. 將餅乾小心放入透明塑膠袋裡。
2. 以綁繩將塑膠袋口綁緊，再將綁繩
   扭轉幾圈。
3. 將一個個包裝好的餅乾小心放入大
   圓盒子裡。
4. 將寬緞帶綁在圓盒子上，先綁成十
   字形，再繫上蝴蝶結。

1　2　3　4

適合置放的點心
餅乾、薄片點心等。

小圓盒包裝法

材料 巧克力包裝紙數張、小圓盒子1個
烘焙紙1大張、緞帶1條、剪刀

做法

1. 將圓球巧克力或糖果以巧克力包裝紙包好。
2. 將烘焙紙裁剪成正方形,此正方形紙要能放入圓盒子裡,然後將紙鋪在盒子裡。
3. 將包好的巧克力球放入盒子裡。
4. 拉起緞帶後綁個十字結,然後拉緊。
5. 繫上一個蝴蝶結。

適合置放的點心
圓形、小方形的巧克力或糖果等。

大竹籃包裝法

材料
中型拉鍊塑膠袋（15×18公分）數個、細麻繩數條、竹籃1個、剪刀

做法

1. 將拉鍊袋口的夾鍊減掉，然後把瑪芬或小蒸糕放入拉鍊袋裡。
2. 以細麻繩將拉鍊袋口綁上蝴蝶結。
3. 先將一個包裝好的瑪芬小心放入竹籃裡。
4. 將所有包好的瑪芬都放入竹籃。如果你準備的點心數量較多，就必須挑一個較大的竹籃。

▍▍▍▍▍▍ 適合置放的點心 ▍▍▍▍▍▍

圓形、四方形的瑪芬
蒸糕、小蛋糕等。

小竹籃包裝法

 材料 防油紙袋數個、貼紙數張、
銀色鬚鬚鐵絲1根、小竹籃1個

 做法

1. 將大塊薄餅放入防油紙袋裡。
2. 油紙袋折起，然後貼上貼紙黏住封口。
3. 將銀色鬚鬚鐵絲的兩端分別鑽入小竹籃的孔隙裡，做成一個可提式籃子。
4. 將所有包好點心的紙袋一一斜或正放入竹籃裡。如果你準備的點心數量較多，就必須挑一個較大的竹籃。

▪▪▪▪▪▪▪▪▪▪▪▪ **適合置放的點心** ▪▪▪▪▪▪▪▪▪▪▪▪

扁片形餅乾、圓球巧克力、小糖果等。

材料這裡買「想自己做些餅乾、巧克力，或是生活小雜貨真不知該去哪裡買材料？」，放心，你可以到以下這些店買到需要的材料，花少許時間，自在快樂做出最具風格的禮物！不過，前往買材料前，別忘了在打個電話確定一下營業時間，才能避免買不到東西喔！

（一）餅乾．巧克力類

店名	地址	電話	販售產品
【基隆市】			
嘉美行	基隆市豐稔街130號B1	（02）2462-1963	烘焙原料、工具
全愛烘焙食品行	基隆市信二路158號	（02）2428-9846	烘焙原料、工具
【台北市】			
名家烘焙材料行	台北市西藏路320號2樓	（02）2302-1350	烘焙器具、材料
大億食品材料行	台北市大南路434號	（02）2883-8158	烘焙原料、工具
飛訊烘焙材料總匯	台北市承德路四段277巷83號	（02）2883-0000	烘焙原料、工具
洪春梅西點器具店	台北市民生西路389號	（02）2553-3859	烘焙原料、工具
白鐵號	台北市民生東路二段116號	（02）2551-3731	烘焙原料、工具
HANDS台隆手創館	台北市復興南路一段39號6樓	（02）8772-1116	烘焙原料、工具
福利麵包	台北市中山北路三段23-5號	（02）2594-6923	烘焙原料
媽咪商店	台北市師大路117巷6號	（02）2369-9868	烘焙原料、工具
【台北縣】			
旺達食品有限公司	台北縣板橋市信義路165號1樓	（02）2962-0114	烘焙原料、工具
小陳西點烘焙原料行	台北縣汐止市中正路197號	（02）2647-8153	烘焙原料、工具
艾佳食品原料專賣店	台北縣中和市宜安路118巷14號	（02）8660-8895	烘焙原料、工具
崑龍食品有限公司	台北縣三重市永福街242號	（02）2287-6020	烘焙原料、工具
【桃園、新竹】			
好萊塢食品原料行	桃園市民生路475號1樓	（03）333-1879	烘焙原料、工具
做點心過生活原料行	桃園市復興路345號	（03）335-3963	烘焙原料、工具
新勝食品原料行	新竹市中山路640巷102號	（035）388-628	烘焙原料、工具
【台中、彰化、南投】			
中信食品原料行	台中市復興路三段109-4號	（04）2220-2917	烘焙原料、工具
豐榮食品原料行	台中縣豐原市三豐路317號	（04）2522-7535	烘焙原料、工具
永誠行	彰化市三福街195號	（04）724-3927	烘焙原料、工具
順興食品原料行	南投縣草屯鎮中正路586-5號	（049）233-3455	烘焙原料、工具
【雲林、嘉義】			
彩豐食品原料行	雲林縣斗六市西平路137號	（05）534-2450	烘焙原料、工具
新瑞益食品原料行	雲林縣斗南鎮七賢街128號	（05）596-4025	烘焙原料、工具
【台南、高雄】			
瑞益食品有限公司	台南市民族路二段303號	（06）222-4417	烘焙原料、工具
永瑞益食品行	高雄市鹽埕區瀨南街193號	（07）551-6891	烘焙原料、工具
茂盛食品行	高雄縣岡山鎮前鋒路29-2號	（07）625-9316	烘焙原料、工具
【東部、離島】			
欣新烘焙食品行	宜蘭市進士路85號	（039）363-114	烘焙原料、工具
萬客來食品原料行	花蓮市和平路440號	（038）362-628	烘焙原料、工具
玉記香料行	台東市漢陽北路30號	（089）326-505	烘焙原料

（二）DIY生活用品類

店名	地址	電話	販售產品
小熊媽媽手工材料行	台北市延平北路一段51號	（02）2550-8899	毛線、串珠等
永樂市場	台北市迪化街一段和延平北路二段間		許多家布店，可多多比較
介良裡布行	台北市民樂街11號	（02）2558-0718	布料、緞帶、流蘇等
城乙化工原料有限公司	台北市大同區天水路39號1樓	（02）2559-6118	手工皂、精油
快樂陶兵DIY專門店	台北市忠孝東路四段216巷11弄2號2樓	（02）8773-6206	馬賽克、手工皂
格雷手工藝社	台北市金華街205號	（02）2321-1613	馬賽克、手工皂、毛線
台北市藝術手工皂協會	台北市羅斯福路五段236巷4號	（02）2935-3258	手工皂
永豐包裝材料行	台北市南京西路97號	（02）2555-0308	各種線材，如麻繩、棉繩
華新布行	台北市迪化街一段21號	（02）2559-3960	各種布料
士林美術社	台北市士林區文林路288號	（02）2880-5323	各種美術紙
士林毛線超市	台北市中山北路五段607號2樓	（02）2831-3777	各類毛線
HANDS台隆手創館	台北市復興南路一段39號6樓	（02）8772-1116	各類手工藝材料

P.17 桃紅手機套紙型（請放大120%）

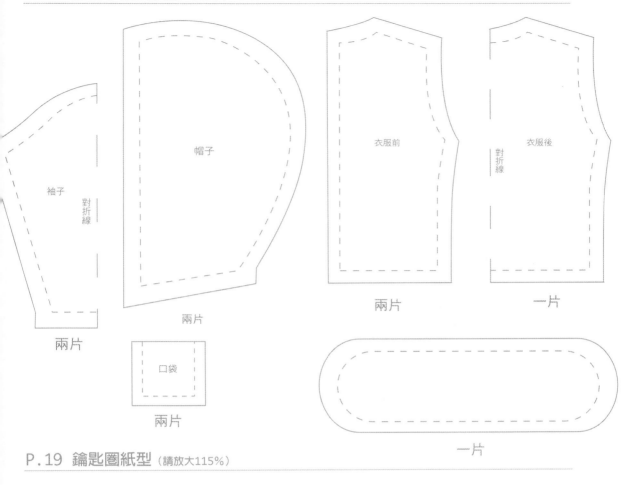

袖子 對折線

兩片

帽子

兩片

衣服前

兩片

衣服後 對折線

一片

口袋

兩片

一片

P.19 鑰匙圈紙型（請放大115%）

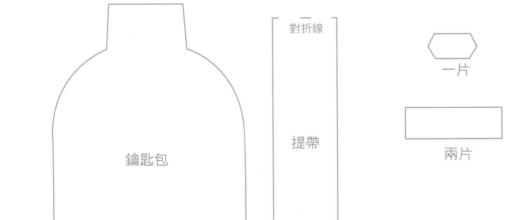

鑰匙包

兩片

對折線

提帶

一片

一片

兩片

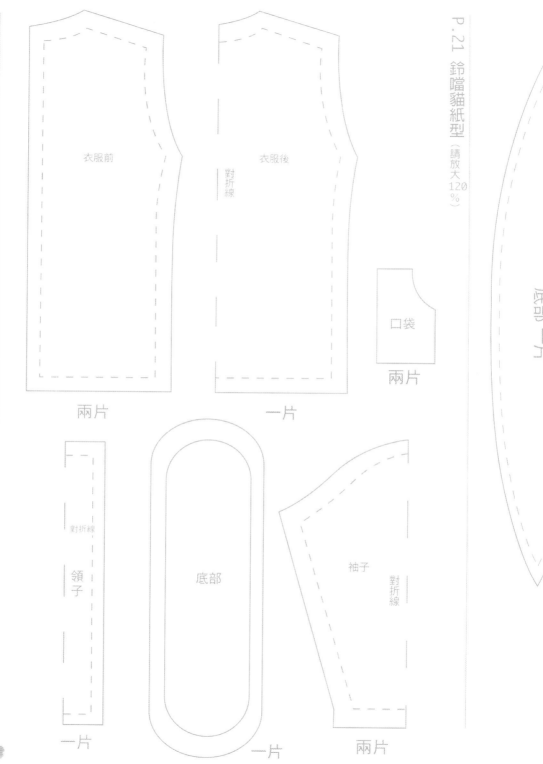

P.15 條紋ipod套紙型（請放大130%）

衣服前

兩片

衣服後

對折線

一片

口袋

兩片

對折線

領子

一片

底部

一片

袖子

對折線

兩片

P.21 鈴噹貓紙型（請放大120%）

底部 一片

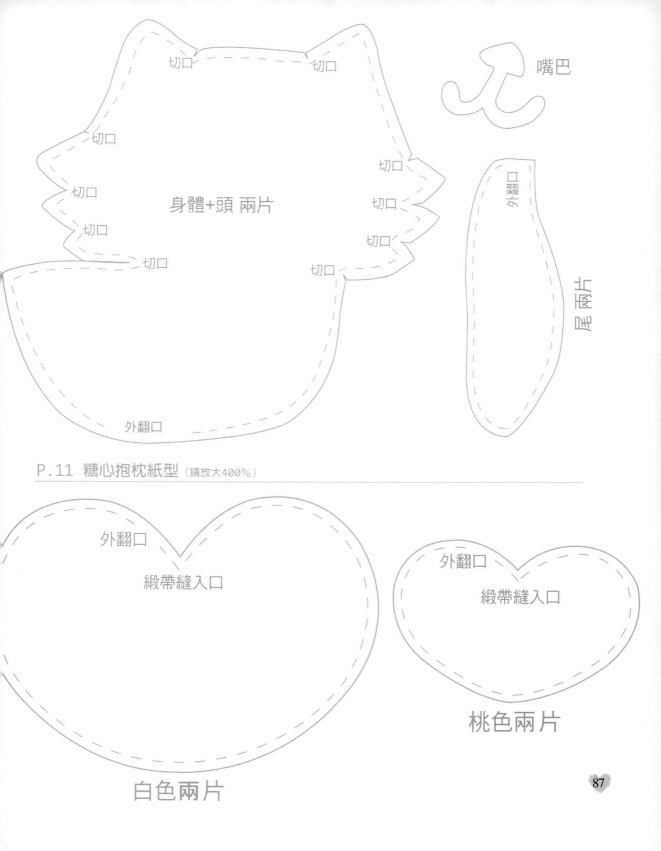

切口　　　　　切口　　　　　嘴巴

切口

切口　　　　　切口

身體+頭 兩片　　切口　　　外翻口

切口　　　　　切口

切口　　　　　切口

外翻口　　　　尾 兩片

P.11 糖心抱枕紙型（請放大400%）

外翻口

緞帶縫入口

外翻口

緞帶縫入口

桃色兩片

白色兩片

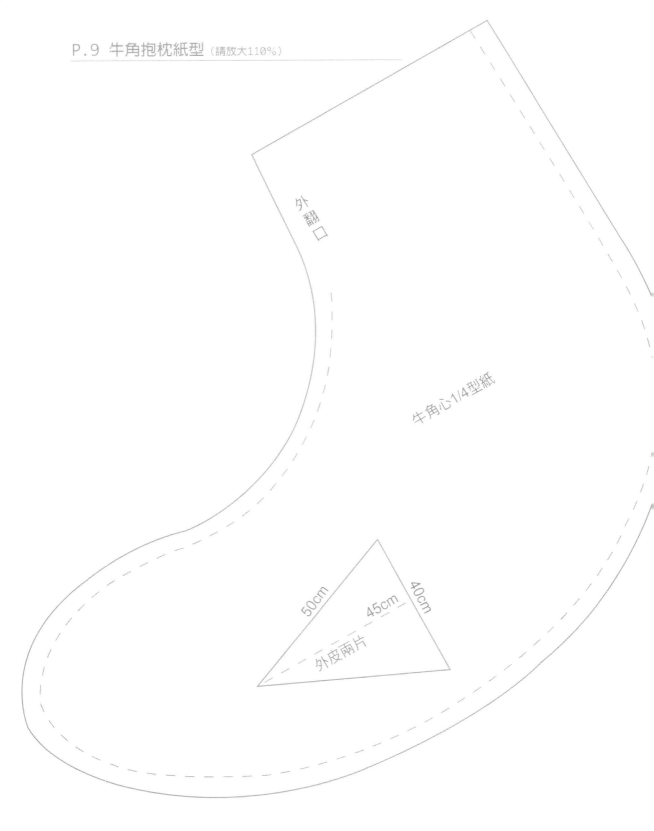

外
翻
口

牛角心1/4型紙

50cm

45cm

40cm

外皮兩片

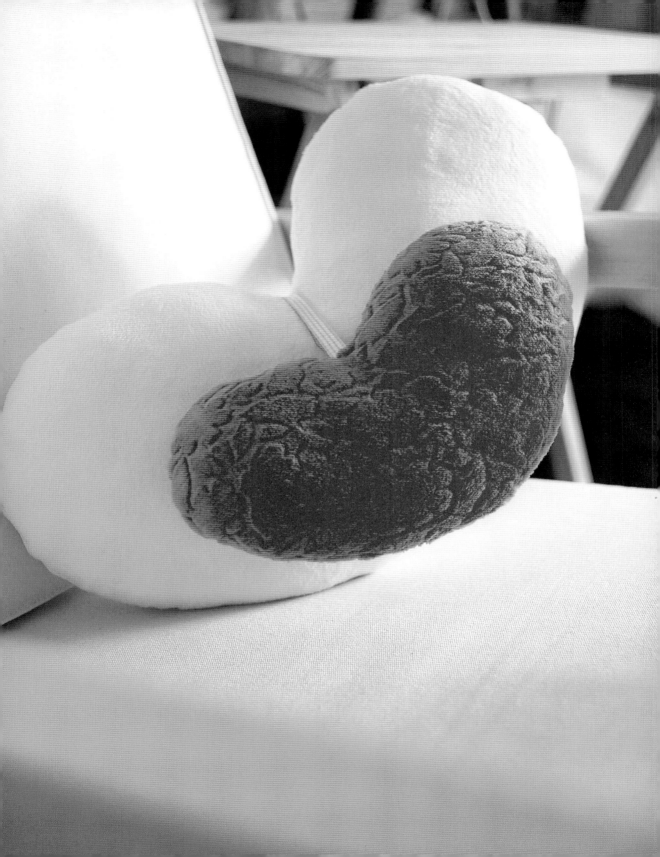

朱雀文化 和你快樂品味生活

LIFESTYLE系列 時尚生活

MAGIC系列 魔法書

PLANT系列 花葉集

國家圖書館出版品預行編目

一個人輕鬆完成的33件禮物：點心、雜貨、包裝DIY
金一鳴、黃愷縈等著.----初版----
台北市：朱雀文化，2006〔民95〕
面：公分.----（MAGIC 014）
ISBN 986-7544-63-3（平裝）

1.家庭工藝
426.7

MAGIC 014 一個人輕鬆完成的33件禮物

——點心、雜貨、包裝DIY

作者	金一鳴、黃愷縈等著
攝影	廖家威
美術設計	陳姿伃
編輯	彭文怡
模特兒	曾一凡
企劃統籌	李橘
發行人	莫少閒
出版者	朱雀文化事業有限公司
地址	台北市基隆路二段13-1號3樓
電話	02-2345-3868
傳真	02-2345-3828
劃撥帳號	19234566朱雀文化事業有限公司
e-mail	redbook@ms26.hinet.net
網址	http:/redbook.com.tw
總經銷	展智文化事業股份有限公司
ISBN	986-7544-63-3
初版一刷	2006.02
定價280元	

出版登記北市業字第1403號

· 朱雀文化圖書在北中南各書店及誠品、金石堂、何嘉仁等連鎖書店均有販售，如欲購買本公司圖書，建議你直接詢問書店店員，如果書店已售完，請撥本公司經銷商北中南區服務專線洽詢。
  北區（02）2250-1031　中區（04）2312-5048　南區（07）349-7445
· 上博客來網路書店購書（http://www.books.com.tw），可在全省7-ELEVEN取貨付款。
· 至郵局劃撥（戶名：朱雀文化事業有限公司，帳號：19234566），掛號寄書不加郵資，4本以下無折扣，5～9本95折，10本以上9折優惠。
· 親自至朱雀文化買書可享9折優惠。